DVP Projektmanagement

DVP Berlin
Berlin, Deutschland

Publikationen zum Projektmanagement, Immobilien- und Infrastrukturmanagement, Ergebnisberichte aus den DVP-Arbeitskreisen sowie Tagungsdokumentationen, wissenschaftliche Dokumentationen und Dissertationen, die im fachlichen Bezug zum Projektmanagement stehen.

Der Deutsche Verband der Projektmanager in der Bau- und Immobilienwirtschaft e.V. (DVP) wurde 1984 mit der Zielsetzung gegründet, das Fachwissen auf diesem Gebiet zu erweitern und qualitativ zu verbessern, die Ergebnisse der interessierten Fachwelt zugänglich zu machen und durch die Mitglieder das Zusammenwirken der Projektbeteiligten am Bau positiv zu fördern. Der DVP repräsentiert heute als bekannter und anerkannter Berufsverband mit unveränderter Zielsetzung und zahlreichen Aktivitäten die im Projektmanagement für die Bau- und Immobilienwirtschaft tätigen Unternehmen.

Weitere Bände in dieser Reihe:
http://www.springer.com/series/15455

David Krips

Stakeholdermanagement

Kurzanleitung Heft 5

Herausgegeben von Walter Volkmann

2., neu bearbeitete Auflage

David Krips
Berlin, Deutschland

Ursprünglich erschienen im DVP-Verlag Berlin.
DVP Projektmanagement

ISBN 978-3-662-55633-7   ISBN 978-3-662-55634-4 (eBook)
https://doi.org/10.1007/978-3-662-55634-4

Die Deutsche Nationalbibliothek verzeichnet diese Publikation in der Deutschen Nationalbibliographie;
detaillierte bibliographische Daten sind im Internet über http://dnb.d-nb.de abrufbar.

Springer Vieweg

Springer Vieweg ist Teil von Springer Nature
Die eingetragene Gesellschaft ist Springer-Verlag GmbH Deutschland
Die Anschrift der Gesellschaft ist: Heidelberger Platz 3, 14197 Berlin, Germany

Vorwort des DVP

Der Deutsche Verband der Projektmanager in der Bau- und Immobilienwirtschaft e.V. (DVP) verfolgt seit über 30 Jahren die Zielsetzung, das Fachwissen auf diesem Gebiet zu erweitern und qualitativ zu verbessern, die Ergebnisse der interessierten Fachwelt zugänglich zu machen und über die Mitglieder das Zusammenwirken der Projektbeteiligten positiv zu fördern.

Ein wesentlicher Baustein darin ist die seit 1996 erstmalig erschienene und zuletzt 2014 in 4. Auflage vom AHO (Ausschuss der Verbände und Kammern der Ingenieure und Architekten für die Honorarordnung e. V.) herausgegebene Schrift „Projektmanagementleistungen in der Bau- und Immobilienwirtschaft". Auf Basis dieser Leistungsbildstruktur werden die meisten Projektmanagementaufträge in Deutschland vergeben und abgewickelt.

Des Weiteren basiert das DVP-ZERT Weiterbildungsprogramm auf dieser Grundlage.

Eine ganze Reihe an Arbeitskreisen im DVP haben zum Ziel, besondere Leistungsschwerpunkte, neue Anforderungen im Projektmanagement und spezielle Ausprägungen des Leistungsbildes auf bestimmte Projekttypologien auszuprägen, um die Aufgabenstrukturen und Schnittstellen zwischen den Projektbeteiligten und Auftraggebern möglichst bedarfsnah und effizient im Hinblick auf das gegebene Projektziel anzupassen. Dies betrifft auch vom DVP geförderte Masterarbeiten und Dissertationen, die einzelne Leistungsmodule des Projektmanagements vertiefen.

Die Ausarbeitung dieser komplexen Themenstellungen erfordern Sachverstand, Kompetenz und vor allen Dingen ehrenamtliches Engagement.

Dafür bedanken wir uns bei den Autoren und wünschen, dass durch diese Veröffentlichung wertvolle Impulse in der Weiterentwicklung des Projektmanagements in Deutschland ausgelöst werden.

Der DVP-Vorstand

Vorwort

Das Ziel dieser Kurzanleitung „Stakeholdermanagement" ist, jüngeren Mitarbeitern und Studierenden sowie älteren Berufseinsteigern den Einstieg in die Praxis des Bauprojektmanagements zu erleichtern.

Zielsetzung ist nicht, Rezepte oder Kopiervorlagen für die unreflektierte Übertragung auf konkrete Projektanwendungen zu liefern. Für die Anwendung ist die individuelle projektspezifische Ausgestaltung erforderlich unter Einbeziehung der Projektziele, der zu beachtenden Randbedingungen und der speziellen Projektparameter. Die Nutzenstiftung liegt daher vorrangig in der Beschleunigung der Einarbeitung in die Projektsteuerung, nicht aber in der Schematisierung projektbezogener Bearbeitungen.

Diese Kurzanleitung ist im Zusammenhang mit den Untersuchungen zum Leistungsbild, zur Honorierung und zur Beauftragung von Projektmanagementleistungen in der Bau- und Immobilienwirtschaft zu sehen (erarbeitet von der AHO-Fachkommission „Projektsteuerung/Projektmanagement"), da dies als normierendes Regelwerk in der Projektmanagementpraxis anerkannt ist.

Eine Haftung des Autors für eine erfolgreiche Anwendung der Kurzanleitung wird ausdrücklich ausgeschlossen.

Kommentare und kritische Anmerkungen zur Verbesserung dieser Kurzanleitung sind ausdrücklich willkommen und werden künftig mit Aufgeschlossenheit Berücksichtigung finden.

Duisburg, im Juni 2017
Walter Volkmann

Inhaltsverzeichnis

Abbildungsverzeichnis

Abkürzungsverzeichnis

CLIP	Collaboration/Conflict (Zusammenarbeit/Konflikt), Legitimacy (Legitimität), Influence (Einfluss), Power (Macht)
NIMBY	Not In My Back Yard (Nicht in meinem Hinterhof)
SWOT	Strengths (Stärken), Weaknesses (Schwächen), Opportunities (Chancen) und Threats (Bedrohungen)
NGO	Non-Governmental Organization (Nichtregierungsorganisation)

Einleitung

Neben den Einflüssen und Funktionen im Projekt selbst müssen auch die äußeren Einwirkungen berücksichtigt werden. Einflüsse können von unterschiedlicher Wertigkeit und Bedeutung sein. Vor allem die Einflüsse von scheinbar entfernten Projektbeteiligten, so genannter „Stakeholder", müssen in einem Projekt Berücksichtigung finden.

Stakeholder eines Projekts sind Gruppen oder Individuen, die durch dieses Projekt in irgendeiner Form tangiert werden oder das Projekt tangieren. Zu internen Stakeholdern zählen zum Beispiel Finanziers oder die bauausführenden Unternehmen. Zu externen Stakeholdern zählen Anwohner, Umweltverbände und sonstige Interessensgruppen. Unterschiedliche Interessen dieser Stakeholder gegenüber dem Projekt können Konflikte herbeiführen und die Projektrealisierung ernsthaft gefährden.

Den Projektverantwortlichen wird immer häufiger empfohlen, den Stakeholdern Aufmerksamkeit zu schenken und einen konkreten Umgang mit den Stakeholdern – das so genannte Stakeholdermanagement – zu planen. Dies geschieht, um Kosten, Verzögerungen oder einen Totalverlust zu vermeiden – und aus ethischen Gründen. Antworten, wie ein zielgenaues Stakeholdermanagement auszusehen hat, liefern Stakeholderanalysen. Hier werden umfangreiche Informationen über die Stakeholder, ihre Interessen, Eigenschaften, Absichten und Strategien gesammelt und analysiert. Im Ergebnis liefern Stakeholderanalysen Anhaltspunkte, wie idealerweise mit den Stakeholdern umzugehen ist.

1.1   Definition Stakeholder

Der Terminus „Stakeholder" hat sich inzwischen auch im deutschsprachigen Raum durchgesetzt – sowohl in der Literatur als auch im allgemeinen Sprachgebrauch. Etymologisch ist der Begriff des Stakeholders an den Begriff des Shareholders (Anteilseigner) angelehnt. Der „Stake" wird im Deutschen hierbei ähnlich dem „Share" mit Anteil übersetzt, wobei der Begriff deutlich breiter als Interessensanteil zu verstehen ist.

Während der Begriff des Shareholders heute eindeutig verwendet wird, ist die Verwendung des Begriffs Stakeholder nicht einheitlich, da Uneinigkeit darüber herrscht, wie breit ein Interessensanteil auszulegen ist. Nicht nur in Anbetracht der Etymologie, sondern auch in Anbetracht eines zweckmäßigen Stakeholdermanagements empfiehlt es sich aber, den Begriff sehr weitreichend auszulegen:

> Stakeholder sind all jene Gruppen und Individuen, die die Erreichung der Ziele einer Organisation oder eines Projekts beeinflussen können oder von der Organisation bzw. vom Projekt beeinflusst werden (Freeman 1984).

Die weitreichende Auslegung liegt nahe, da Projekte auch von solchen Beteiligten gefährdet werden können, die scheinbar kein Eigeninteresse an einem Projekt haben und sich auch selbst nicht als Stakeholder verstehen.

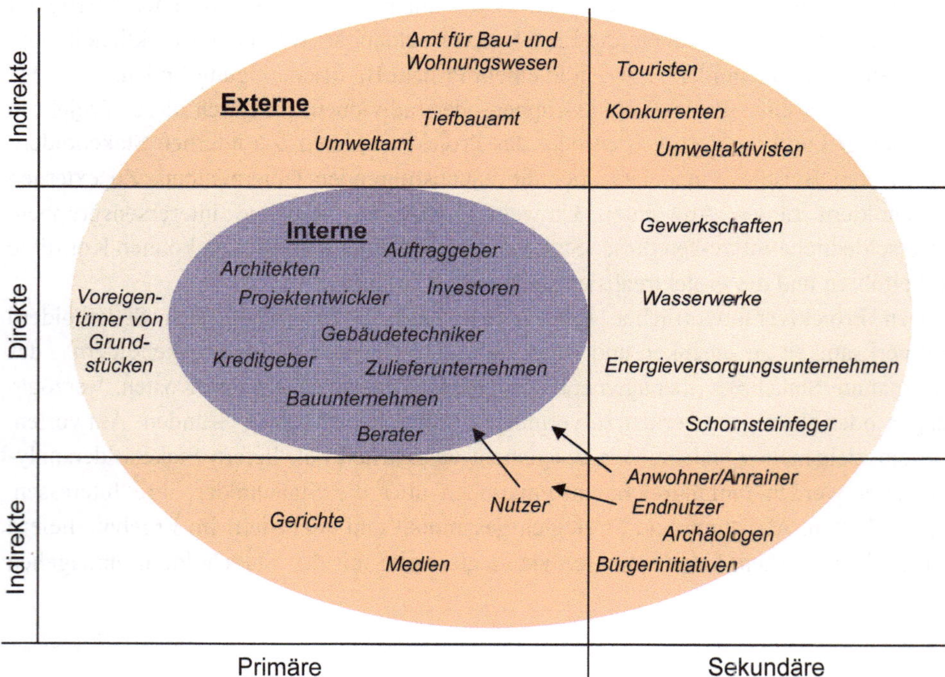

Abb. 1.1 Kategorisierung von Stakeholder in der Projektentwicklung

Werden möglichst alle Stakeholder einer Projektentwicklung gemäß dieser Definition ermittelt, so fällt eine nahezu unüberschaubare Zahl an Personen darunter. Zum Teil sind diese Personen sehr heterogen, sie unterscheiden sich durch unterschiedliche Interessen und haben für das Projekt andere Bedeutungen. Um einen Überblick zu behalten, ist eine

Kategorisierung von Stakeholdern sinnvoll. Hierzu gibt es unterschiedliche Ansätze. Die wichtigste Kategorisierung ist üblicherweise die Unterteilung in interne sowie externe Stakeholder in Abhängigkeit der Nähe zum Projekt (vgl. Abb. 1.1). Die Kategorisierung in direkte und indirekte Stakeholder differenziert nach Form der Vertragsbeziehung. Liegt ein Vertrag vor, wird von einer direkten Beziehung gesprochen, ansonsten von einer indirekten. Schließlich ist noch – entsprechend der Bedeutung der Stakeholder – eine Kategorisierung in primäre und sekundäre Stakeholder üblich.

Das Ermitteln von Stakeholdern ist stets die Momentbetrachtung eines ansonsten dynamischen Umfelds: Über den Projektverlauf werden beispielsweise Nicht-Stakeholder zu Stakeholdern. Oder Stakeholder ändern ihre Eigenschaften.

Weiterhin kann eine Person oder Gruppe in unterschiedliche Stakeholderrollen schlüpfen (Beispiel: Das Amt für Bau- und Wohnungswesen lässt als Bauherr einen Kindergarten errichten). Auch Intermediäre wie Rechtsanwälte und Zeitungen sind Stakeholder. Außerdem kann ein Stakeholder im Prozess seine Position verändern: Aus externen Stakeholdern können interne werden, aus sekundären primäre (Beispiel: Ein Anwohner vereinigt sein Grundstück mit dem eines Entwicklers, um ein neues Projekt zu planen).

1.2   Stakeholder und ihre Konflikte

Ein Vergleich der Einzelinteressen sämtlicher Stakeholder offenbart, dass die Interessen der Stakeholder häufig nicht zueinander passen, sondern widersprüchlich und unvereinbar sind. Das kann zu Konflikten in Projekten führen. Konflikte in Projekten entstehen aber nicht nur aufgrund unvereinbarer Interessen, sondern auch aufgrund von Wahrnehmungen, dass die Interessen unvereinbar sind. Konflikte entstehen außerdem durch die Art und Form von Beziehungen zwischen Stakeholdern. So kann eine potentielle Gegnerschaft auch unabhängig von Interessensdivergenzen zu Konflikten führen.

Konflikte können unterteilt werden in Konflikte mit internen und mit externen Stakeholdern, da die Konfliktentstehung in jeweils einer Variante sehr ähnlich ist (vgl. Abb. 1.2). Ein Blick auf Konflikte mit externen Stakeholdern zeigt, dass diese sehr unberechenbar sein können:

■ Konflikte mit Anwohnern oder der Öffentlichkeit allgemein können insbesondere aufgrund externer Effekte entstehen, die entweder durch das Projekt überhaupt (Publikumsverkehr etc.) oder durch den Prozess der Realisation entstehen (Lärm). Insbesondere ist an dieser Stelle das NIMBY-Syndrom zu nennen. NIMBY steht hierbei für „Not in my backyard" (frei übersetzt „Nicht in meinem Garten") und gilt als Metapher für das verwundbarste Vehikel des Stakeholders: Niemand lässt sich seinen Garten verschmutzen. Stakeholder, die hiernach handeln, sehen den sozialen Nutzen eines Projekts prinzipiell ein und unterstützen das Projekt sogar, akzeptieren eine Umsetzung allerdings nicht in ihrer unmittelbaren Umgebung.

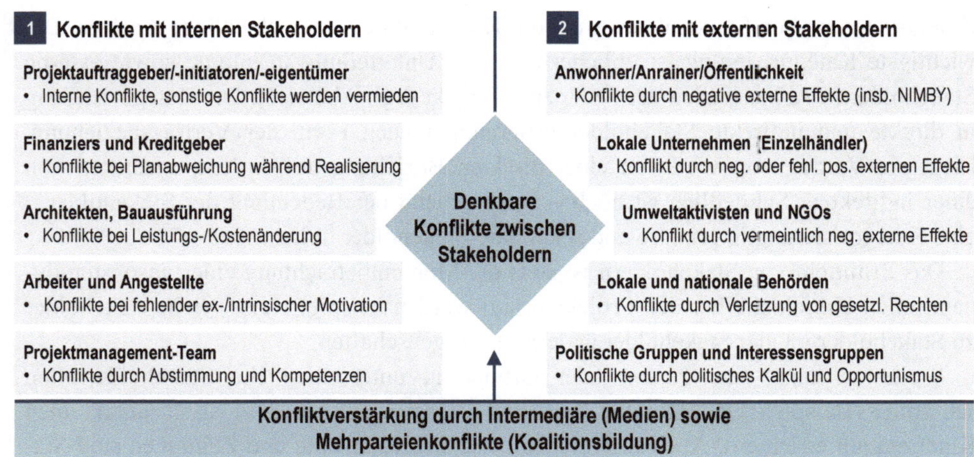

Abb. 1.2 Konflikte mit Stakeholdern

- Lokale Unternehmen können ebenfalls durch negative externe Effekte tangiert werden. Auch das Ausbleiben positiver externer Effekte oder Aktivitäten der Konkurrenz kann zu Konflikten führen.
- Umweltaktivisten und NGOs stellen häufig vermeintlich negative externe Effekte fest, d. h. Effekte gemäß ihren ideologischen Vorstellungen, was zu Konflikten führen kann.
- Die Behörden wiederum verstehen sich als Anwalt der Öffentlichkeit und Hüter der öffentlichen Ordnung. Konflikte können insbesondere dann entstehen, wenn Behörden die Verletzung von Rechten und Pflichten feststellen und Auflagen etc. erteilen.
- Zuletzt sind noch Konflikte mit sonstigen Interessensgruppen zu nennen, die sich meistens opportunistisch ergeben und aus ähnlichen Gründen wie oben beschrieben entstehen können.

Unter internen Stakeholdern wird dagegen häufig versucht, Konflikte ex ante durch ein umfassendes Vertragswerk zu vermeiden. Dennoch kann es auch hier zu Konflikten führen, die dann allerdings weniger offen ausgetragen werden wie bei externen Stakeholdern:

- Projektverantwortliche sind besonders motiviert, Konflikte zu vermeiden. Daher gibt es nur selten Konflikte, die von ihnen ausgehen. Dennoch ist auch das möglich, wobei die Konflikte dann – sofern möglich – intern ausgetragen werden.
- Finanziers und Kreditgeber haben sehr konkrete Erwartungen an das Projekt. Werden diese nicht erfüllt, können sie durch eine Vertragskündigung oder andere Maßnahmen sehr bedeutende Konflikte auslösen.
- Auch Architekten stoßen Konflikte an, zum Teil sogar offen, wenn Sie eine Vertragsverletzung seitens ihres Partners sehen.

■ Bei Arbeitern und Angestellten können insbesondere bei Unzufriedenheit mit Gehältern oder den Arbeitsbedingungen Konflikte auftreten.

In der Praxis gibt es zahlreiche Beispiele solcher Konflikte, die bisweilen extreme Ausmaße annehmen. Insbesondere in Bezug auf Infrastrukturprojekte wie „Stuttgart 21" oder diverse Kraftwerksprojekte können Stakeholderkonflikte zu Milliardenmehrkosten führen. Das macht deutlich, welche Bedeutung Stakeholder in der Projektentwicklung haben und dass sie trotz Planungssicherheit Projekte gefährden können.

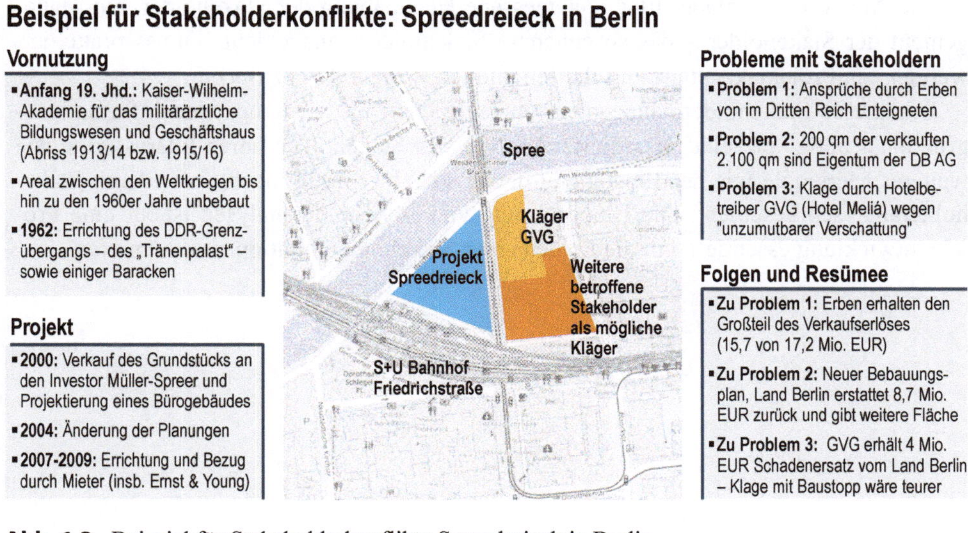

Abb. 1.3 Beispiel für Stakeholderkonflikte Spreedreieck in Berlin

Die Konfliktintensität kann sehr unterschiedlich sein und hängt unter Umständen von weiteren Stakeholdern ab. So können Konflikte durch Intermediäre wie die Medien oder Rechtsanwälte (die ihre Mandatierung ausweiten wollen) angeheizt werden. Insbesondere die Medien können von Stakeholdern direkt als öffentliches Sprachrohr genutzt werden, um einen Konflikt anzuheizen.

Weiterhin können Konflikte größer werden, wenn es zu einer Koalitionsbildung kommt und Mehrparteienkonflikte entstehen. Das kann schließlich sogar zu der Bildung von zwei Konfliktpolen führen, von denen eine extreme Macht ausgehen kann. Neben Konflikten aufgrund von Interessensdivergenzen können natürlich bei Konvergenz der Interessen Harmonien entstehen, die zu einer besonderen Projektunterstützung führen.

1.3   Notwendigkeit von Stakeholdermanagement

Wie anhand der Beispiele soeben gezeigt wurde, kann ein Agieren von Stakeholdern bisweilen zu Konflikten mit legalen, aber auch illegalen Aktionen von Seiten der Stakeholder führen und schmerzhafte Folgen für das Projekt haben: vom Reputationsverlust über Mehrkosten bis hin zum Totalscheitern eines Projekts.

Die Frage, die sich Projektverantwortliche bezüglich Stakeholder stellen müssen, richtet sich auf die schmerzhaften Folgen und muss lauten: **Wie kann ich solche Konsequenzen vermeiden?**

Die Antwort ist einfach: Eine angemessene Handhabung der Stakeholder, ein Management der Stakeholder – das so genannte Stakeholdermanagement – muss praktiziert werden, um Projektakzeptanz zu schaffen und das Projekt durchzusetzen.

Um dieses Stakeholdermanagement zu realisieren, ist wiederum eine Informationsgrundlage nötig, die eine detaillierte Analyse der Stakeholder, ihrer Interessen sowie weiterer Merkmale wie der Einstellung der Stakeholder nötig macht, was durch Stakeholderanalysen geschieht. Die Durchführung von Stakeholderanalysen ist für eine Projektentwicklung essentiell, um die Folgen einer Stakeholderagitation zu minimieren.

Grundlage des Stakeholdermanagements: Stakeholderanalysen

Damit ein Stakeholdermanagement wirksam und erfolgreich ist, muss es individuell auf die relevanten Stakeholder zurechtgeschnitten sein. Das macht eine systematische Herleitung dieses Stakeholdermanagements nötig. Geliefert werden kann eine solche Herleitung durch Stakeholderanalysen:

> Eine Stakeholderanalyse ist ein formaler Ansatz, um Stakeholder und deren Koalitionen zu identifizieren und zu beschreiben. Neben bestimmten Eigenschaften der Stakeholder wie Macht, Legitimität oder Dringlichkeit sind deren Beziehungen, aus denen möglicherweise Koalitionen entstehen können, sowie deren Interessen in Hinblick auf ein Projekt zu untersuchen. Stakeholderanalysen werden genutzt, um das gesamte System zu verstehen. Dafür müssen unter den Stakeholdern die wichtigsten identifiziert und Strategien für ein Stakeholdermanagement, das heißt für den Umgang mit diesen Stakeholdern, entwickelt werden. (angelehnt Grimble/Wellard 1996, S. 46)

Aufgrund der Komplexität empfiehlt sich stets der formale Ansatz einer Stakeholderanalyse. Dabei muss nicht zwangsläufig eine eigenständige Stakeholderanalyse durchgeführt werden. Auch die Einbettung in andere Analysen wie z. B. Risikoanalysen oder Machbarkeitsstudien kann ausreichend sind. Die Entwicklung eines Stakeholdermanagements ist integraler Bestandteil und Ziel einer Stakeholderanalyse.

Bedeutsam für die Wirksamkeit dieses Stakeholdermanagements ist die rechtzeitige Durchführung von Stakeholderanalysen: Anpassungs- oder Reaktionskosten nehmen mit jedem Projektprozessschritt zu. Eine Konfliktlösung muss damit so früh wie möglich ansetzen, um die Kosten so gering wie nötig zu halten. Der Einfluss der Stakeholder bleibt allerdings bis zuletzt hoch, so dass Stakeholderanalysen immer wieder aktualisiert werden müssen.

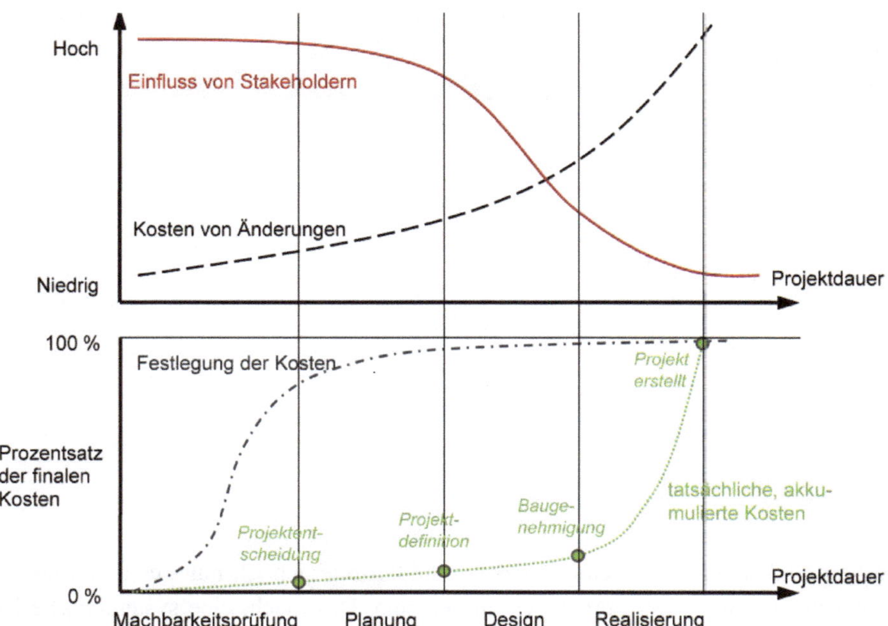

Abb. 2.1 Kombination der Darstellung des Einflusses von Stakeholdern im Verlauf der Zeit nach dem PMBoK sowie einer Darstellung von Olander (2003), die Entscheidungspunkte eines Projekts mit den finalen Kosten eines Projekts verbindet[1]

Einordnung in den Phasenprozess[*] einer Projektentwicklung

PHASE DER PROJEKTENTWICKLUNG	FOKUS AUF STAKEHOLDER	FORMALER ANSATZ
1. Vorphasen (Strategie)	> Vor Projektinitiierung wenig sinnvoll, da hier andere Fragestellungen wie Marktentwicklung bedeutender sind	**Nein**
2. Projektinitiierung	> Als grobe Faktenanalyse zum Detektieren von offenkundigen Risiken sehr sinnvoll	**Nicht notwendig**
3. Projektkonzeption	> Durchführung einer zentralen Stakeholderanalyse in der Phase der Projektkonzeption als Grundlage für das gesamte Projekt – in Ausnahmefällen in der Phase der Projektkonkretisierung	**Formaler Ansatz unbedingt notwendig, auf den in späteren Phasen zurückgegriffen werden kann**
4. Projektkonkretisierung	> Formaler Rahmen einer Stakeholderanalyse: komplett eigenständige Analyse, Machbarkeitsstudie oder städtebaulicher Entwurf/Rahmenplan	
5. Projektrealisierung	> Durchführung eines Monitorings der Stakeholder auf Grundlage der zentralen Stakeholderanalyse	**Empfehlenswert**
6. Projektvermarktung	> Weitere Analysen der Stakeholder wie finale Zielerreichungsprüfung der Stakeholderinteressen möglich	**Nicht notwendig, aber möglicherweise sinnvoll**

*) Zugrunde gelegt ist der Phasenprozess einer Projektentwicklung nach BONE-WINKEL U.A. (2008)

Abb. 2.2 Einordnung von Stakeholderanalysen in den Projektentwicklungsprozess

---

[1] Vgl. Project Management Institute, 2004, S. 21; Olander, 2003, S. 75.

Als konkrete Zeitpunkte, wann Stakeholderanalysen im Phasenprozess einer Projekt-entwicklung anzusetzen sind, gelten die Phasen der Projektkonzeption sowie der Projekt-realisierung als empfehlenswert. Diese Stakeholderanalyse muss dann Grundlage im gesamten Prozess sein und sollte so konzipiert sein, dass zu einem späteren Zeitpunkt stets auf sie zurückgegriffen werden kann, z. B. in der Phase der Projektrealisierung, wo häufig ein Agitieren von Stakeholdern einsetzt und damit unbedingt eine nutzenbringen-de Stakeholderanalyse vorliegen sollte.

Eine Stakeholderanalyse lässt sich grob in drei Abschnitte unterteilen: Zunächst müssen alle notwendigen Daten erhoben werden, anschließend sind diese Daten zu analysieren. Zuletzt wird auf Grundlage der Daten und Analysen die Strategie für ein Stakeholdermanagement festgelegt.

Im Zuge der Datenerhebung steht zumeist die Identifikation von Stakeholdern am Anfang, es folgt die Identifikation von deren Interessen sowie Eigenschaften. Diese drei Schritte sind insbesondere als Schritte der Informationssammlung und Datenerhebung zu verstehen, auf dessen Grundlage alle weiteren Schritte durchgeführt werden können. Anschließend folgt dann die Analysephase auf Grundlage der gesammelten Daten: Zunächst sind die Stakeholder hinsichtlich ihrer Bedeutung zu analysieren, um herauszuarbeiten, welchen Stakeholdern mehr und welchen weniger Aufmerksamkeit zu schenken ist. Anschließend sind mögliche Koalitionen zu analysieren. Dieser Schritt wird sowohl in der Theorie als auch in der Praxis häufig vernachlässigt, obwohl gerade von Koalitionen eine große Einflussnahme ausgehen kann. Zuletzt sind im Zuge der Analyse die Strategien der Stakeholder zu betrachten.

Auf die Analysephase folgt die zentrale Stufe und das Ziel jeder Stakeholderanalyse: die Auswertung der gesammelten Daten und Analysen sowie die Festlegung eines Stakeholdermanagements. Die Form dieses Analyseschritts hängt stark von der Schwerpunktsetzung des Stakeholdermanagements ab und propagiert im Großen und Ganzen konkrete Maßnahmen.

Mit der Auswertung (hier auf Stufe 7) ist die zentrale Stakeholderanalyse erst einmal abgeschlossen. Anschließend kann und sollte noch ein Monitoring, d. h. eine iterative Durchführung der vorherigen Analyseschritte erfolgen, bis das Projekt vollkommen abgeschlossen ist. Nach Abschluss kann dann schließlich noch eine Überprüfung der Zielerreichung durchgeführt werden, ob das Stakeholdermanagement die erhoffte Wirkung entfaltet hat.

Daten- erhebung	**STUFE 1: Identifikation der Stakeholder** ■ Identifikation von Individuen, Gruppen und Koalitionen aus dem Umfeld einer Projektentwicklung ■ Einschränkungen in der Tiefe durch Gruppierung möglich, nicht in der Breite (interne _und_ externe)
	STUFE 2: Identifikation der Ziele und Interessen der Stakeholder ■ Systematische Erfassung der auf ein Projekt gerichteten Ziele und Vergleich mit Projektzielen
	STUFE 3: Identifikation der Eigenschaften der Stakeholder ■ Ermittlung der Legitimität, Macht sowie Dringlichkeit (Aktivität/ Engagement) der Stakeholder
Analyse	**STUFE 4: Analyse der Stakeholder und Priorisierung** ■ Individuelle Analyse der Stakeholder: Ermittlung der Einstellung (Gegner/Unterstützer/neutral) ■ Vergleichende Analysen und Priorisierung der Stakeholder in Abhängigkeit von ihrer Bedeutung
	STUFE 5: Analyse von möglichen Koalitionen ■ Ermittlung potentieller Koalitionen anhand wechselseitiger Akzeptanz verschiedener Stakeholder ■ Prüfung der Mobilisierungswahrscheinlichkeit und Plausibilität von möglichen Koalitionen
	STUFE 6: Analyse der Strategien der Stakeholder Ermittlung der gegenwärtigen und potentiellen Strategien, die von Stakeholdern gewählt werden
Auswertung/ Ziel	**STUFE 7: Festlegung von Strategien und Auswertung** ■ Inhalt dieses Analyseschritts stark abhängig von den Adressatengruppen der Stakeholderanalyse ■ Projektentwickler: Stakeholdermanagement, Projektanpassung (explorative Funktionen) ■ Öffentlichkeit/Stakeholder: Überblick über Situation und Partizipation (Dokumentationsfunktion) ■ Stakeholder: Entwicklung von Strategien gegenüber einem Projekt (Tausch der Stufen 6 und 7)
	STUFE 8: Monitoring ■ Berücksichtigung von Dynamiken durch iterative Durchführung der Analysestufen 1-7
	STUFE 9: Überprüfung der Zielerreichung

Abb. 3.1 Inhalte einer Stakeholderanalyse in 9 Stufen

Im Folgenden werden nun die einzelnen Schritte im Detail vorgestellt.

3.1   Stufe 1: Identifikation der Stakeholder

Zum Beginn einer Stakeholderanalyse steht die Identifikation der Stakeholder, von Individuen, von Stakeholdergruppen sowie von Koalitionen aus dem Umfeld einer konkreten Projektentwicklung. Wichtig ist eine Identifikation in Breite (interne und externe Stakeholder) sowie Tiefe (Mitglieder einer Stakeholdergruppe bzw. -koalition). Gerade die Tiefe ist wichtig, da beispielsweise ein Stakeholder „kommunale Verwaltung" keineswegs homogen ist, sondern aus verschiedenen Akteuren besteht, die sehr unterschiedliche Interessen haben können.

Im Wesentlichen folgt die Identifikation einem einfachen Muster:

1. Identifikation und Sammlung
2. Erste Kategorisierung in interne und externe Stakeholder
3. Darstellung in Tabellen
4. Gegebenenfalls Darstellung in Beziehungsdiagrammen

Für die Identifikation und Sammlung gibt es inzwischen zahlreiche Methoden, von denen jede ihre Vor- und Nachteile aufweist:

- Identifikation durch Experten/Delphimethode
- Eigene Identifikation durch Stakeholder (Aufruf an Interessierte, sich zu melden)
- Identifikation durch andere Stakeholder (Interviews und Diskussionen)
- Identifikation durch Sekundärforschung und statistische Daten
- Identifikation durch mündliche oder schriftliche Berichte über große Ereignisse
- Identifikation durch Checklisten
- Identifikation durch Kreativitätstechniken wie Brainstorming
- Identifikation durch SWOT-Analysen (SWOT: S = Strengths/Stärken, W = Weaknesses/Schwächen, O = Opportunities/Chancen, T = Threats/Gefahren)
- Identifikation über Diagramme

Im Zuge der Identifikation von Stakeholdern können bereits erste Kategorisierungen Sinn ergeben, z. B. eine Unterteilung in öffentliche und private Stakeholder, in interne und externe Stakeholder oder in primäre und sekundäre Stakeholder.

Zur Darstellung der Ergebnisse der Stakeholderidentifikation bieten sich zwei Möglichkeiten an: einfache Tabellen oder aber Beziehungsdiagramme.

Kategorie	Stakeholderallianz	Stakeholdergruppe	Akteure, Individuen
Interne öffentliche Stakeholder	Kommunale Verwaltung	Berliner Senat	Senator/Senatorin für Stadtplanung
			Regierender Bürgermeister von Berlin
		Bezirksamt Kreuzberg-Friedrichshain	Bezirksbürgermeister
			Baustadtrat
		Bezirksverordnetenversammlung	
Interne private Stakeholder	mediaspree e. V.	Investoren	
		Eigentümer	BEHALA
			IVG Immobilien AG
Externe private Stakeholder	Megaspree	Strandbarbetreiber	
		Aktivisten der linken Szene	
	Ohne Allianz	Autofahrer	
		Medien	Berliner Morgenpost
			Berliner Zeitung

Abb. 3.2 Beispiel einer tabellarischen Darstellung der Stakeholder in Bezug auf Gruppen- und Allianzzugehörigkeit

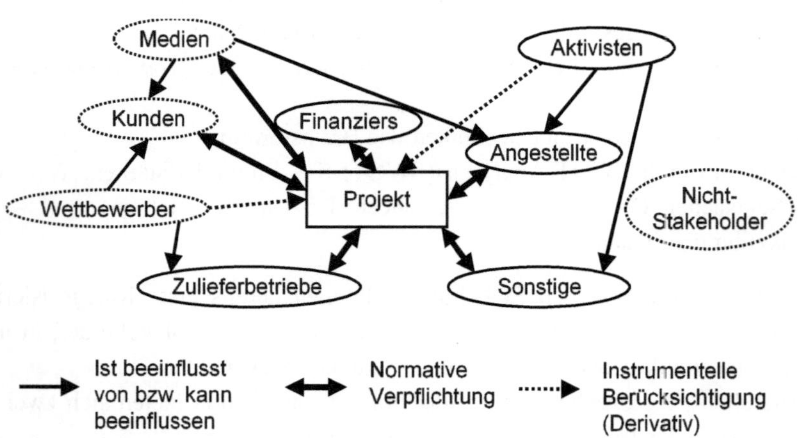

Abb. 3.3 Stakeholdermapping (Beziehungsdiagramm) nach Phillips (2003)[1]

---

[1] Vgl. Phillips, 2003, S. 127.

3.2   Stufe 2: Identifikation der Ziele und Interessen der Stakeholder

Nach Identifikation der Stakeholder ist es sinnvoll, zu prüfen, warum die ermittelten Personen und Gruppen überhaupt „Stakeholder" sind. Konkret sind damit die Interessen der Stakeholder festzustellen, d. h. die „stakes", welche den Status der Akteure als Stakeholder rechtfertigen.

Die Interessen eines Stakeholders leiten sich aus seinen relativ allgemeinen Bedürfnissen ab und äußern sich projektbezogen als konkrete (rationale und nicht rationale) Erwartungen und Einzelziele mit unterschiedlichen Gewichtungen. Auf Grundlage dieser Erwartungen und Ziele können Stakeholder gegen ein Projekt opponieren oder es unterstützen. Durch Vergleich der Zielbeziehungen zwischen Stakeholder und Projekt und Aggregation über die individuellen Gewichte zu einer Gesamtzielbeziehung kann die Projektakzeptanz oder Projektablehnung eines Stakeholders ermittelt werden.

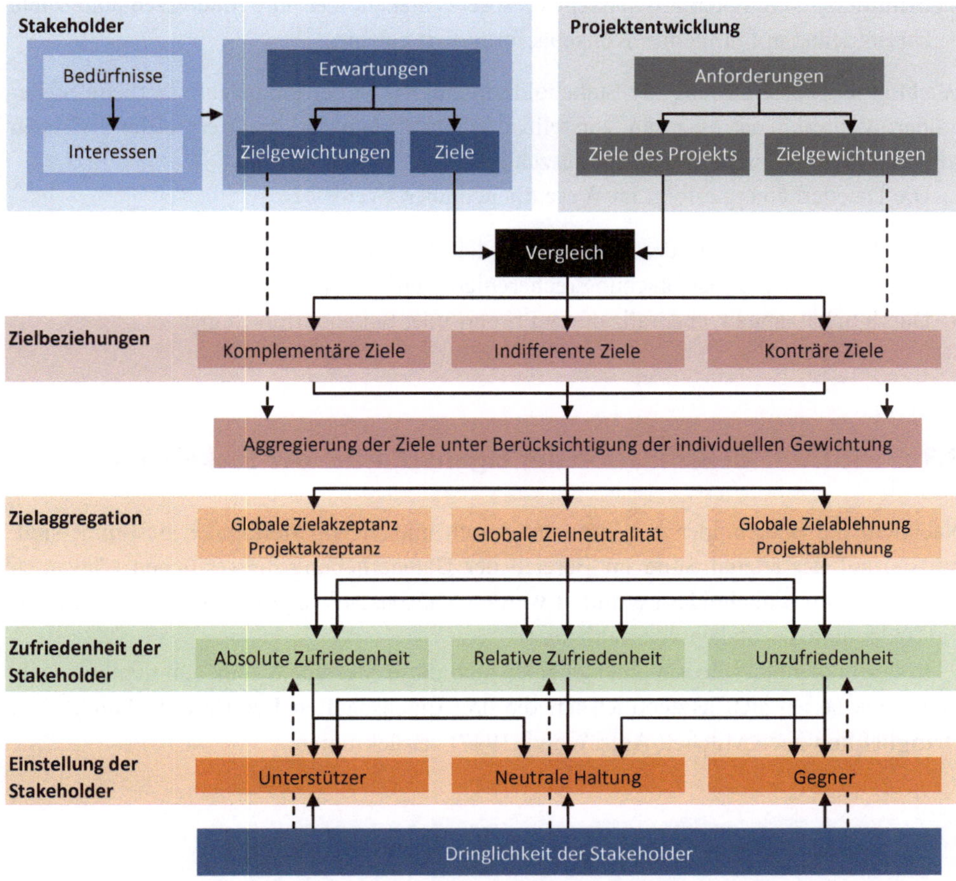

Abb. 3.4 Stakeholder mit Bedürfnissen und Zielen entwickeln eine Einstellung zu einem Projekt

Konkret wird für die Ermittlung der Interessen und Einstellungen von Stakeholdern folgendes Vorgehensschema empfohlen:

1. Systematisierung von Interessen durch die Ermittlung von Indikatoren, die das Projekt beschreiben und anhand derer sich Interessen von Stakeholder feststellen lassen
2. Erhebung der Interessen aus Projektsicht anhand dieser Indikatoren
3. Erhebung der Interessen der Stakeholder anhand der Indikatoren
4. Individuelle Analysen der Stakeholderinteressen (Feststellung Projektakzeptanz, -ablehnung, -neutralität)
5. Analysen in Vorbereitung auf Koalitionsanalysen (Interessenskonvergenzen zwischen Stakeholdern/Projekt), die in Gänze später auf der Stufe 5 durchgeführt werden. Nicht nur Zielvergleiche zwischen Stakeholdern und Projekt, sondern auch zwischen den Interessen der Stakeholder können durchgeführt werden. Das hat den Vorteil, dass auf dieser Stufe bereits eine Akzeptanz der Stakeholder gegenseitig festgestellt werden kann, was Grundlage für die Bildung einer Koalition ist.
6. Ermittlung von Alternativkonzepten, sofern Stakeholder ihre Interessen und Ziele bereits selbst in Form eines Konzepts formuliert haben

Wichtig bei der Ermittlung der Stakeholderinteressen ist der Fokus auf sämtliche Stakeholder. Weiterhin ist es kaum vorstellbar, ohne Systematik, die Vergleiche zwischen Interessen der Stakeholder zulässt, auszukommen.

Die Datenerhebung erfolgt im Wesentlichen über zwei Wege:

- Durch Selbstauskünfte der Stakeholder, die in einer Primärforschung selbst erhoben oder in einer Sekundärforschung recherchiert werden können
- Durch Schätzungen, ebenfalls durch Primär- oder Sekundärforschung

3.3   Stufe 3: Identifikation der Eigenschaften der Stakeholder

Nachdem die Stakeholder mit ihren Interessen und vielen Merkmalen bestimmt sind, müssen auf der letzten Stufe im Bereich der Datenerhebung die restlichen relevanten Merkmale von Stakeholdern ermittelt werden – insbesondere jene, die als Indikator für die Bedeutung der Stakeholder herhalten.

In der Stakeholdertheorie unterscheiden sich diese Merkmale zum Teil deutlich. Alle Merkmale lassen sich letztendlich auf die drei Eigenschaften **Legitimität, Macht und Dringlichkeit** nach Mitchell/Agle/Wood (1997), zurückführen.

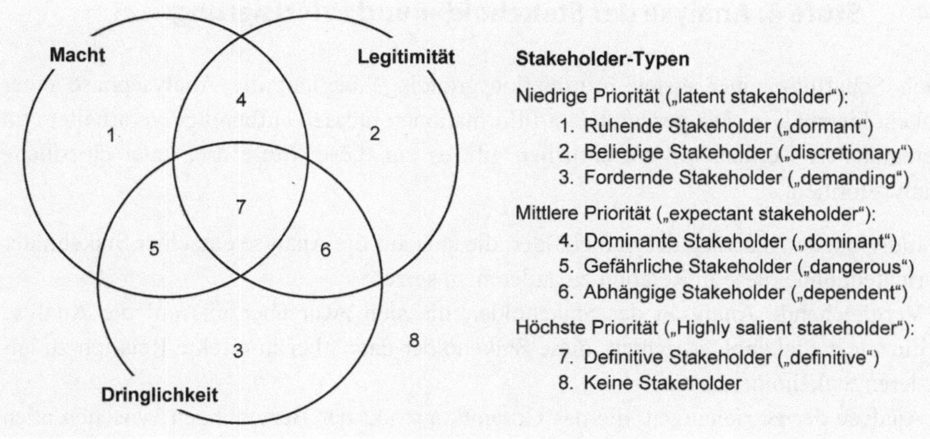

Abb. 3.5 Stakeholdertypologie nach Mitchell/Agle/Wood (1997)[2]

Macht steht hierbei für die Position eines Stakeholders, wie er seine Interessen durchsetzen kann. Die Legitimität beschreibt allgemein, ob ein Stakeholder legitime Interessen vertritt, die entweder rechtlich oder moralisch gerechtfertigt sind. Die Dringlichkeit richtet sich auf die Aktivität eines Stakeholders, mit welcher Motivation er seine Interessen verfolgt.

Tatsächlich gibt es weitere Merkmale, die sich nicht durch die drei genannten Eigenschaften abdecken lassen: Die **Nähe** eines Stakeholders **zum Projekt** (Stufe 1), seine Interessen (Stufe 2), **Grad der Informiertheit** eines Stakeholder und seine **Empfänglichkeit für Informationen**.

Durchgeführt wird eine Ermittlung der Eigenschaften durch eine separate Prüfung jeder Eigenschaft je Stakeholder: Eine Bewertung wird hierbei beispielsweise über eine binäre (z. B. mächtig, nicht mächtig) oder eine mehrstufige (gar nicht/kaum/etwas/sehr mächtig) Merkmalsausprägung empfohlen. Die Datenerhebung erfolgt analog zu der Erhebung der Interessen der Stakeholder über Primär- oder Sekundärforschung. Visuell abgebildet werden kann die Eigenschaftenbewertung über Tabellen oder Mengendiagramme. Hier ist insbesondere das Mengendiagramm von Mitchell/Agle/Wood zu nennen.

---

[2] Vgl. Mitchell/Agle/Wood, 1997, S. 874.

3.4   Stufe 4: Analyse der Stakeholder und Priorisierung

Nach Schaffung einer ersten Informationsgrundlage beginnt die Analysephase einer Stakeholderanalyse. Die gesammelten Informationen müssen aufbereitet, verarbeitet und systematisiert werden. Im Wesentlichen gibt es auf dieser Stufe drei unterschiedliche Analyseformen:

1. Individuelle Analysen der Stakeholder, die sich auf die Analyse einzelner Stakeholder richten, ohne diese in Relation zu anderen zu setzen
2. Vergleichende Analysen der Stakeholder, die sich zwar ebenfalls auf die Analyse einzelner Stakeholder richten, diese Stakeholder dann aber in direkte Relation zu anderen Stakeholdern setzen
3. Analyse der Beziehungen, die das Gesamtkonstrukt der Beziehungen zwischen allen Stakeholdern fokussiert

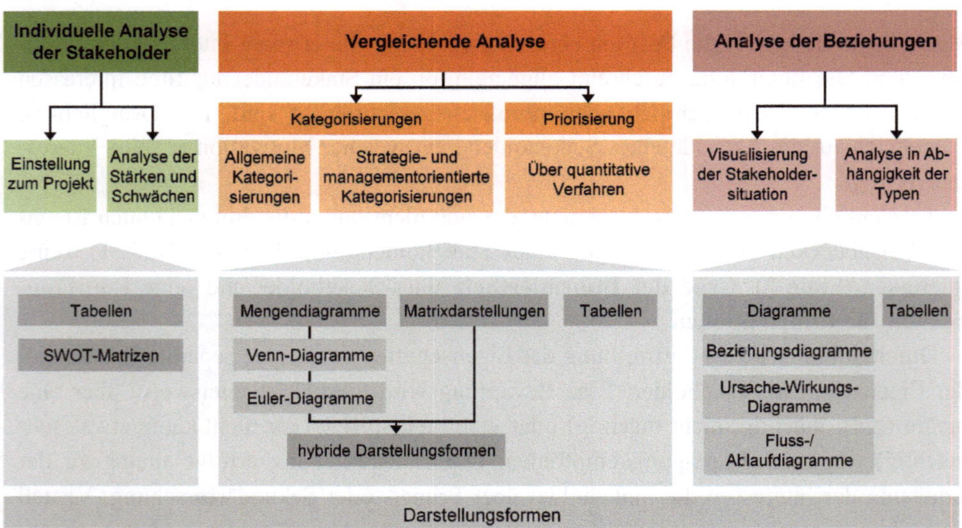

Abb. 3.6   Analysen und Darstellungsformen auf der Stufe 4 in einer Stakeholderanalyse

3.4.1   Individuelle Analyse der Stakeholder

Individuelle Analysen sind vor allem in Bezug auf die Ausarbeitung der Einstellung eines Stakeholders zum Projekt sehr wichtig. Sie helfen bei der Identifikation von Konfliktpotentialen, die von einzelnen Stakeholdern ausgehen. Die Einstellung eines Stakeholders zum Projekt, ob dieser Unterstützer oder Gegner ist, richtet sich nicht nur nach der Projektakzeptanz oder -ablehnung, sondern auch nach anderen Kriterien, insbesondere seiner Dringlichkeit, wie wichtig ihm das Projekt ist.

Form der Projekt-akzeptanz / Position zum Projekt	Projektablehnung		Projektablehnung/ Projektakzeptanz/ Zielneutralität	Projektakzeptanz	
Dringlichkeit	Hoch ↑	Gering/Keine ↘	Keine↓	Gering/Keine ↘	Hoch ↑
Einstellung / ***Stakeholder***	*Aktive Opposition* / *Aktive Gegner*	*Passive Opposition* / *Passive Gegner*	*Neutralität*	*Passive Unterstützung*	*Aktive Unterstützung*
Zulieferbetriebe			(XO)		
Nachbarn				X ——→ O	
Angestellte	X ————————→O				
Landespolitiker				XO	
Finanziers				O ←—— X	
Lokalpolitiker		(XO)			

Abb. 3.7 Einstellung der Stakeholder nach McElroy/Mills (2000), abgewandelt und ergänzt um Dringlichkeit und Projektakzeptanz[3]

Da sämtliche nötigen Informationen (Interessen, Dringlichkeit/Projektakzeptanz) an dieser Stelle vorliegen, kann die Einstellung ermittelt werden. Formal kann das über Tabellen erfolgen, z. B. entsprechend dem Vorschlag von McElroy/Mills (2000). Aus den Informationen Projektakzeptanz sowie Dringlichkeit kann die gegenwärtige Einstellung eines Stakeholders übersichtlich abgebildet werden. In Abb. 3.7 ist darüber hinaus dargestellt, welche Position vom Projektverantwortlichen gewünscht ist und ob diese Position bereits erreicht wurde.

Zusätzlich können Analysen wie eine individuelle SWOT-Analyse durchgeführt werden. Hierbei wird jeweils ein Stakeholder einzeln betrachtet. Seine individuellen Stärken und Schwächen gegenüber dem Projekt sowie die Chancen und Risiken, welche der Stakeholder selbst an das Projekt knüpft, werden in Form einer Matrix dargestellt.

3.4.2   Vergleichende Analyse der Stakeholder

Bei vergleichenden Analysen ist die Einbeziehung sämtlicher Stakeholder nötig. Solche Analysen zeigen vor allem die Relevanz der einzelnen Stakeholder für das Projekt. Sie sind essentiell, da von ihnen abhängt, welchen Fokus das Stakeholdermanagement auf die Stakeholder richten wird.

---

[3] Vgl. McElroy/Mills, 2008, S. 769.

Im Großen und Ganzen gibt es drei Typen dieser Analysen:

1. Allgemeine Kategorisierungen
2. Strategie- und managementorientierte Kategorisierungen
3. Priorisierungen

Allgemeine Kategorisierungen verstehen sich als einfache Darstellung der Stakeholdersituation unter Berücksichtigung eines oder mehrerer Kriterien. Darstellungsformen können hier Tabellen, Matrizen oder Diagramme sein. Als Beispiel ist die exemplarische Stakeholderübersicht aus der Stufe 1 dieses Dokuments zu erwähnen.

Die **strategie- und managementorientierten Kategorisierungen** eignen sich ganz besonders, da sie gegenüber den allgemeinen Kategorisierungen bereits auf konkrete Strategien hinweisen. Hier werden genauso Kategorien gebildet, jedoch wird jeder dieser Kategorien bereits eine Normstrategie oder eine Auswahl an Strategien im Kontext eines Stakeholdermanagements zugrunde gelegt.

Exemplarisch ist als Mengendiagramm ein Venn-Diagramm nach Chevalier/Buckles abgebildet, was bereits auf ein konkretes Beispiel einer Projektentwicklung angewandt wurde und dem bereits vorgestellten Schema von Mitchell/Agle/Woods stark ähnelt: Stakeholder werden anhand ihrer Eigenschaften (Macht, Legitimität, Interesse/Dringlichkeit) einer bestimmten Kategorie zugeordnet. Jeder Kategorie ist ein bestimmtes Stakeholdermanagement zugeordnet. So sind beispielsweise marginale Stakeholder zu ignorieren. Gemäß der hier vorgeschlagenen Logik wird dieses Stakeholdermanagement im Detail erst später behandelt.

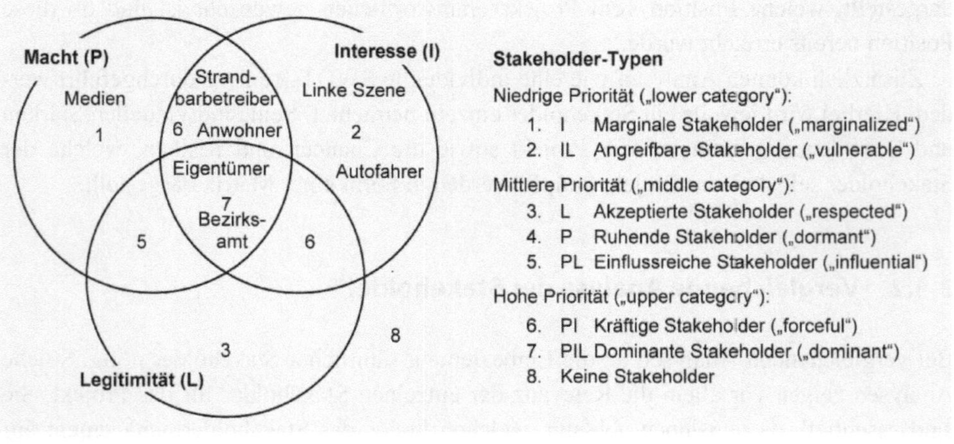

Abb. 3.8 Stakeholdertypologie nach Chevalier/Buckles (2008)[4]

---

[4] Vgl. Chevalier/Buckles, 2008, S. 182.

Neben Venn-Diagrammen werden in der Literatur auch Matrizen für diese Form der Kategorisierung vorgeschlagen. Einige Vorschläge sind in Abb. 3.9 dargestellt.

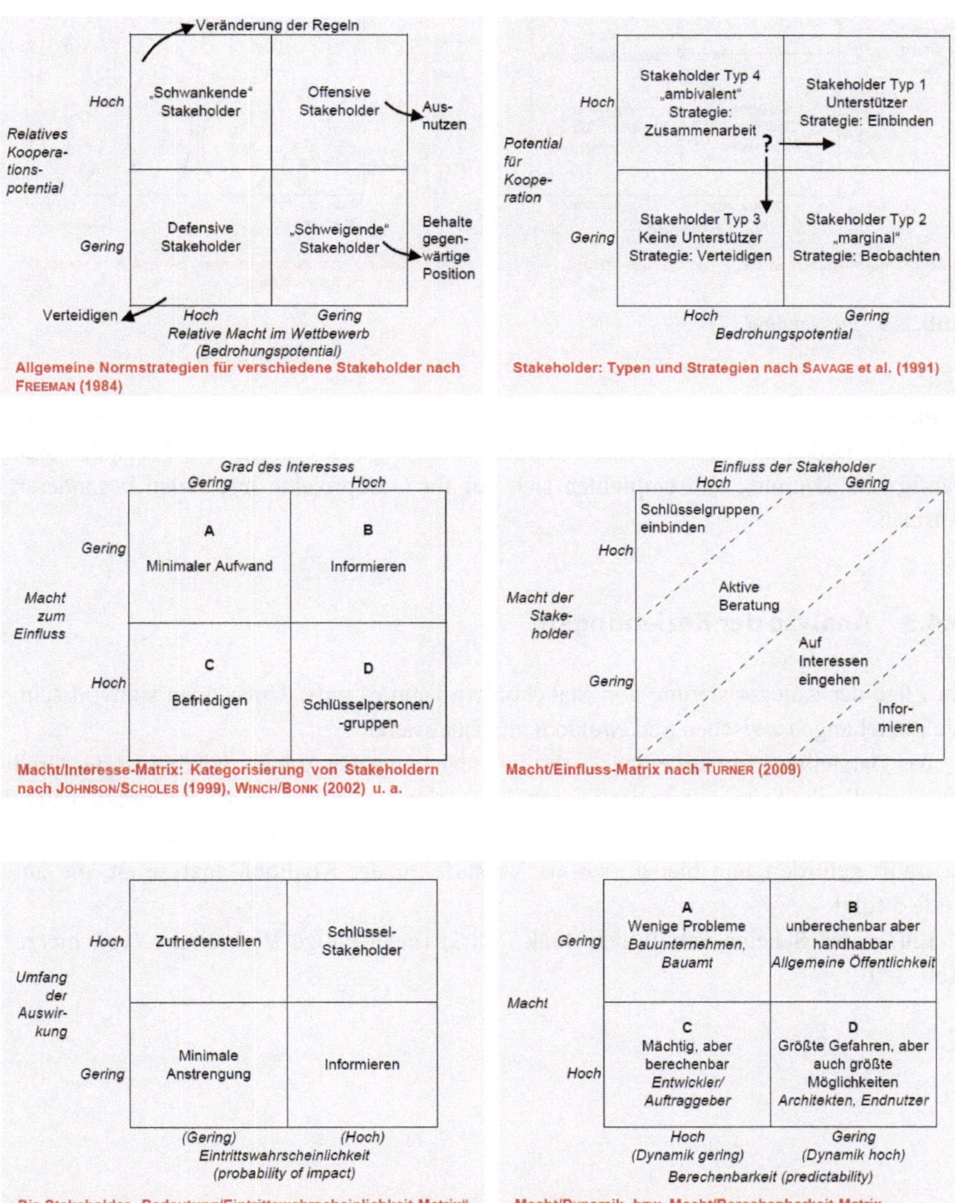

Abb. 3.9 Hilfsmittel zum Management und zur Kategorisierung von Stakeholdern

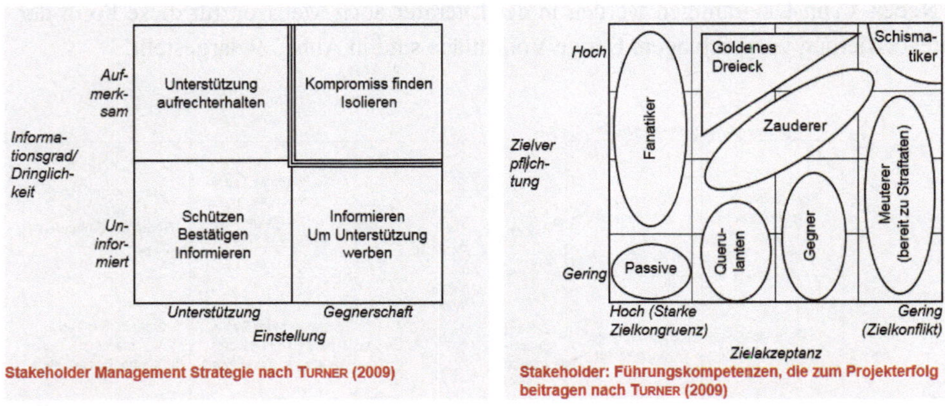

Abb. 3.9 Fortsetzung

Priorisierungen arbeiten mit quantitativen Verfahren und versuchen, Stakeholder gemäß ihrer Bedeutung in eine echte ordinale Reihenfolge zu bringen. Die Methoden sind
häufig sehr komplex und empfehlen sich nur für Großprojekte mit einem besonderen
Ausmaß.

3.4.3   Analyse der Beziehungen

Im Zuge der Kategorisierung von Stakeholdern kann es unter Umständen sinnvoll sein,
die Beziehungen zwischen Stakeholdern zu visualisieren.

Als Darstellungsformen eignen sich hier Beziehungsdiagramme. Hierbei ist der Grad
der Detailliertheit sinnvoll zu bestimmen. Denn eine Vergrößerung der Informationstiefe
verringert häufig die Informationsbreite. Beziehungsanalysen werden nur selten in der
Literatur gefordert und bieten sich als Vorstufe zu der Koalitionsanalyse an, die auf
Stufe 5 folgt.

Einzig das Schema von Winch/Bonk (2002) findet einige Verbreitung (vgl. hierzu
Abb. 3.10).

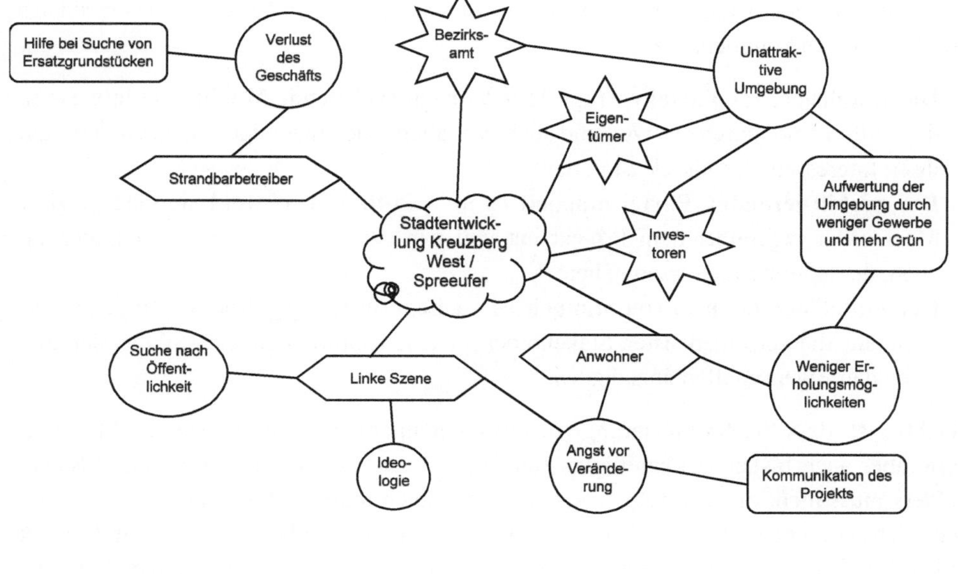

Abb. 3.10   Stakeholder-Map nach Winch/Bonk (2002) anhand des Beispiels „Mediaspree"[5]

3.5   Stufe 5: Analyse von möglichen Koalitionen

Ursprünglich vernachlässigbare Stakeholder können ihre Position durch Zusammen-schluss mit anderen Stakeholdern signifikant verbessern, so dass bisweilen gefährliche Machtgefüge entstehen, die Projekte nachhaltig gefährden. Vor allem für große Projekte ist die Gründung von Koalitionen und Allianzen sehr wahrscheinlich. Das macht die Analyse von Koalitionen zu einem essentiellen Bestandteil einer Stakeholderanalyse. Neben den vor allem zu betrachtenden Koalitionen mit negativer Projekteinstellung kann es natürlich auch Koalitionen mit positiver Projekteinstellung geben.

Die Grundlage dafür, dass es zu einer stabilen Koalition kommt, ist neben ähnlichen Interessenslagen zwischen den Parteien das Vorhandensein einer mobilisierenden Partei, welche die potentiellen Mitglieder einer Koalition einsammelt und die Koalition gründet

---

[5] Orientiert an Winch/Bonk, 2002, S. 399.

und formt. Die Motivation für eine Mobilisierung kann dabei im Großen und Ganzen aus drei Richtungen kommen:

1. **Die mobilisierende Partei verfügt über keine ausreichende Macht**, ihre Interessen, die legitim sind, durchzusetzen und sucht vor allem nach mächtigen Stakeholdern, um ihren Interessen Nachdruck zu verleihen.
2. **Der mobilisierenden Partei mangelt es an Legitimität**, obwohl sie eine gewisse Machtbasis gegenüber dem Projekt hat und wird vor allem solche Stakeholder suchen, die legitime Interessen haben.
3. **Der mobilisierenden Partei mangelt es an Legitimität <u>und</u> Macht**. Zugleich versucht sie, die verschiedensten Stakeholder für eine Koalition zu werben, um sich diese beiden Eigenschaften anzueignen.

Wichtig ist, dass die Mobilisierung sowohl unter internen als auch externen Stakeholdern, aber auch bislang Unbeteiligten stattfinden kann. Die Mobilisierung eines Stakeholders muss nicht direkt erfolgen, sondern kann auch indirekt über einen weiteren Stakeholder geschehen (Beispiel: Eine Privatperson mobilisiert über einen Verband, wo er selbst Mitglied ist, bestimmte Politiker gegen ein Projekt, obwohl er zuvor keinerlei Kontakte zu diesen Politikern hatte).

Zusätzlich zur Interessenskonvergenz und mobilisierenden Partei ist zuletzt noch eine Identitätskonvergenz zwischen Stakeholdern ein wichtiges Kriterium von Koalitionen. Am Ende jedoch richtet sich die Wahrscheinlichkeit einer Mobilisierung vor allem nach der Ähnlichkeit von Interessen.

	Interessenkonvergenz	
	stark	**gering**
stark **Identitäts- konvergenz**	Geringe Wahr- scheinlichkeit einer Mobilisierung	Mobilisierung unwahrscheinlich
gering	Hohe Wahr- scheinlichkeit einer Mobilisierung	Geringe Wahr- scheinlichkeit einer Mobilisierung

Abb. 3.11 Stakeholdergruppen-Mobilisierung nach Rowley/Moldoveanu (2003)[6]

---

[6] Vgl. Friedman/Miles, 2006, S. 114.

Zur Durchführung einer Koalitionsanalyse empfiehlt sich folgende Vorgehensweise:

1. Ermittlung von Gruppen mit Interessenskonvergenz (Voraussetzung zur Koalitions-bildung)
2. Analyse der Mobilisierung (Wahrscheinlichkeit zur Koalitionsbildung, eventuell indirekte Mobilisierung)
3. Analyse der identifizierten Koalitionen auf Plausibilität (Differenzen und vorhandene Beziehungen: Trotz ähnlicher Interessen können Stakeholderkoalitionen aufgrund ideologischer oder persönlicher Schranken nicht plausibel sein.)
4. Analyse der Bedeutung der potentiellen Koalition (gemäß Stufe 4)
5. Analyse von Interessenspolen. Bei großen Projekten bilden sich am Ende häufig zwei Interessenspole: ein Unterstützerlager und ein Gegnerlager
6. Visuelle Darstellung der möglichen Stakeholdergruppen, zum Beispiel in Form der CLIP-Analyse von Chevalier/Buckles (2008), wo Koalitionen schlichtweg umrahmt werden

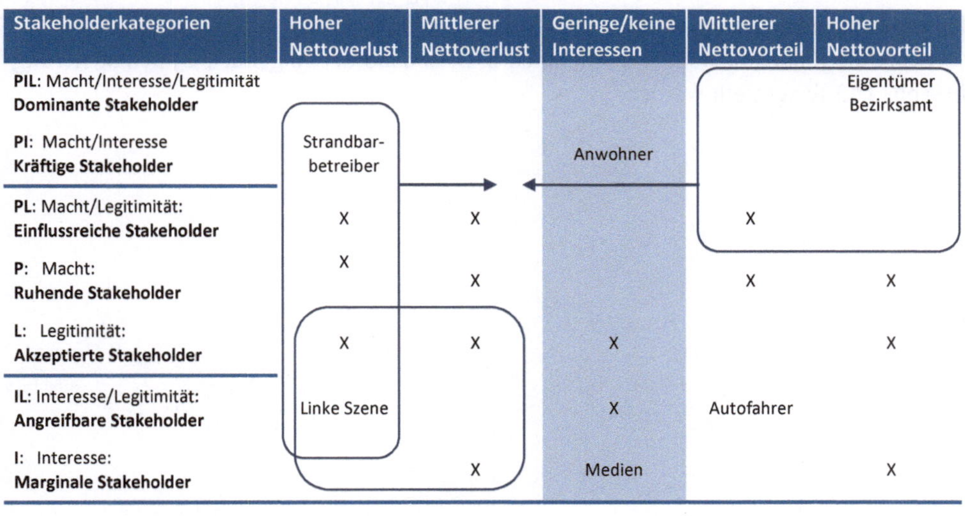

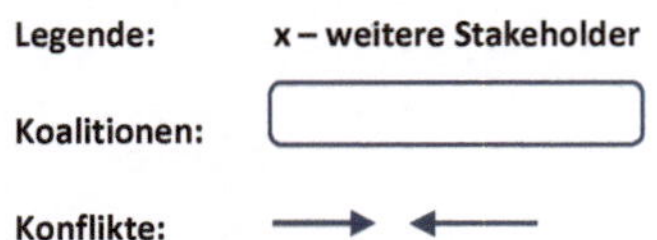

Abb. 3.12 CLIP-Analyse – Zusammenfassung der Analyse der Stakeholder in einer Tabelle nach Chevalier/Buckles (2008)[7]

---

[7] Vgl. Chevalier/Buckles, 2008, S. 183.

3.6   Stufe 6: Analyse der Strategien der Stakeholder

Die letzte Stufe im Rahmen der Analysephase bezieht sich auf die Strategien der Stakeholder. Stakeholder wählen Strategien, um ihre Ziele in Bezug auf das Projekt zu erreichen. Gefahren, die von Stakeholdern ausgehen, lassen sich vor allem anhand der von ihnen gewählten Strategien feststellen. Unter Umständen ist es angebracht, weitere Daten bezüglich der Stakeholderstrategien an dieser Stelle zu erheben. Diese Daten können einerseits direkt bei den Stakeholdern abgefragt oder geschätzt werden. Dabei ist eine sinnvolle Erhebung durch Eigenauskunft der Stakeholder allerdings eher unwahrscheinlich, da Stakeholder kaum eine wahrheitsgemäße Auskunft über ihre Strategie geben. Häufig haben sie auch gar keine strukturierte Vorstellung über ihre Strategie.

Der Fokus ist in dieser Analyse auf Stakeholder mit dringlichen Anliegen zu legen, da ein Stakeholder ohne Dringlichkeit in der Regel keine Strategien entwickelt. Ansonsten sind stets die Eigenschaften der Stakeholder bei der Analyse ihrer Strategien zu berücksichtigen, da ein Stakeholder seine Strategie in der Regel in Abhängigkeit seiner Eigenschaften auswählt. Insbesondere destruktive Strategien werden zum Beispiel von nicht-legitimen Stakeholdern gewählt.

Konkrete Stakeholderstrategien können z. B. anhand der folgenden Systematisierung in Abb. 3.13 festgestellt werden.

Abb. 3.13 Analyse von Stakeholderstrategien (siehe detaillierte Grafik am Ende, nur online verfügbar)

3.7   Stufe 7: Festlegung von Strategien und Auswertung

Nachdem auf Grundlage der Datensammlung auch die Analysephase abgeschlossen ist, folgt auf dieser zentralen Stufe das Ziel der Stakeholderanalyse, das Stakeholdermanagement. Es beinhaltet im Wesentlichen die folgenden Schritte:

1. **Klärung der Zielrichtung eines Stakeholdermanagements** (Projektdurchsetzbarkeit, Projektakzeptanz, Projektkonsens)
2. **Analyse der Normstrategien aus den managementorientierten Kategorisierungen (Stufe 4)**
3. **Auswahl einer konkreten Strategie für jeden Stakeholder** (Bestimmung Partizipationsgrad)
4. **Auswahl der Kommunikationsstrategie**
5. **Strategien für den Umgang mit Allianzen und Koalitionen**

3.7.1   Zielrichtung des Stakeholdermanagements

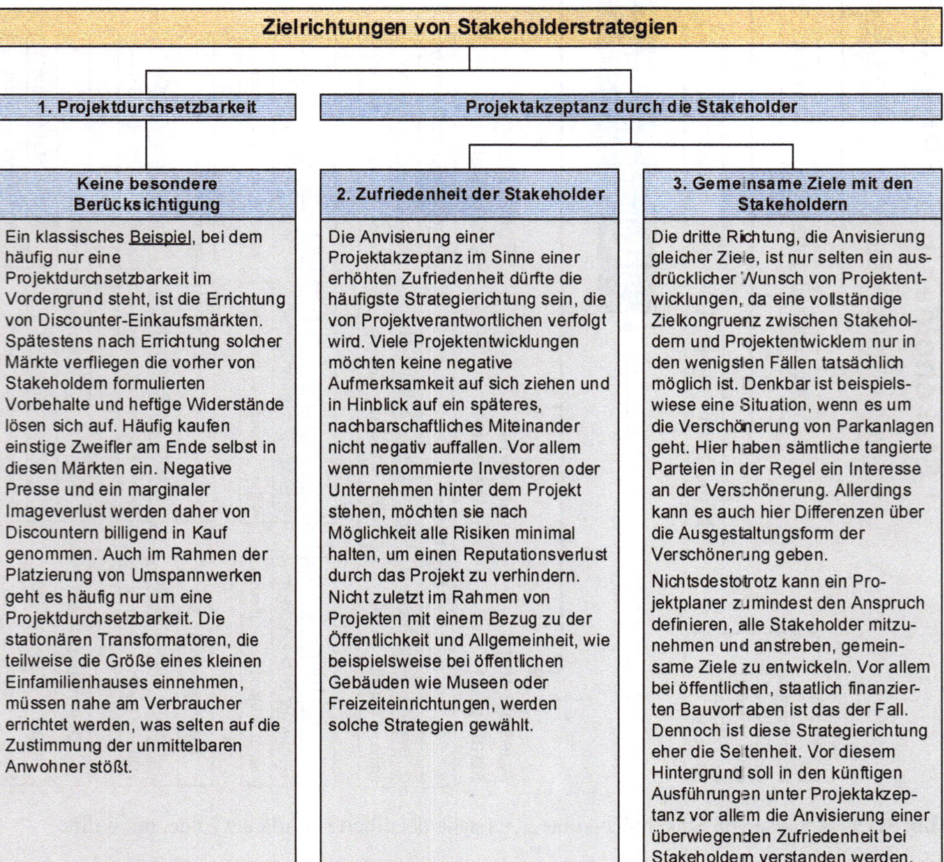

Abb. 3.14   Zielrichtung des Stakeholdermanagements

Die finale Auswertung der Stakeholderanalyse beinhaltet insbesondere die Definition von Strategien für den Umgang mit Stakeholdern. Diese Strategien hängen stark von den strategischen Zielsetzungen des Projekts ab, ob eine Projektakzeptanz oder lediglich eine Projektdurchsetzbarkeit angestrebt wird. Projektdurchsetzbarkeit bedeutet, dass nur die rechtlichen Mindestanforderungen erfüllt werden, während bei einer angestrebten Projektakzeptanz die Bedürfnisse der Stakeholder weitestgehend zu erfüllen sind.

3.7.2   Analyse der Normstrategien

Strategien gegenüber Stakeholdern sollen Konflikte präventiv verhindern. Darüber hinaus sollen sie auch den Konflikt nach seiner Entstehung beruhigen oder lösen. Generell eignen sich zur Strategieauswahl die Normstrategien der Kategorisierungen, die auf der Stufe 4 bereits ermittelt wurden und auf dieser Stufe zu prüfen sind.

3.7.3   Auswahl der Strategien und Kommunikationspläne

Für die konkrete Strategiewahl empfiehlt sich neben den Normstrategien der Kategorisierungen insbesondere das sogenannte Leiterschema nach Friedman/Miles (2006). Es differenziert Strategien gegenüber Stakeholdern nach einem Grad der Partizipation wie in Abb. 3.15 dargestellt.

Kategorien	Stufe der Aufmerksamkeit	Konkrete Strategien
D. Partizipation	12	Kontrolle durch Stakeholder
	11	Übertragung von Machtkompetenzen
	10	Partnerschaft
	9	Zusammenarbeit
	8	Einbeziehung
C. Tokenism, Anschein zur Partizipation	7	Verhandlungen
	6	Informationsgespräche
	5	Beschwichtigungspolitik
	4	Aufklärungspolitik
B. Keine Partizipation	3	Informationspolitik
	2	Therapie
	1	Manipulation
A. Konflikt eingehen und keine Aufmerksamkeit	K	Ignorieren
	Keine Aufmerksamkeit	
	Hohe Aufmerksamkeit	Konflikt eingehen

Abb. 3.15   Modifiziertes Leiterschema nach Friedman/Miles (2006)

Jedem Stakeholder wird ein bestimmtes Maß an Aufmerksamkeit zugebilligt, welches auf einer Skala von 1 bis 12 quantifiziert wird. Die Entscheidung, welches Maß an Aufmerksamkeit bzw. Partizipation den Stakeholdern zuzubilligen ist, sollte sich im Wesentlichen an den Normstrategien der Kategorisierungen (Stufe 4) orientieren. Gemäß diesem Grad an Aufmerksamkeit werden dann konkrete Maßnahmen und Kommunikationsstrategien für die entsprechenden Stakeholder bestimmt.

Das Leiterschema wurde zur Vervollständigung um explizite Konfliktstrategien sowie Strategien des Ignorierens ergänzt, die bei einer Strategiewahl der Projektdurchsetzbarkeit sinnvoll sein können (Kategorie A). In der Kategorie B folgen dann die Strategien der Gruppe „Keine Partizipation", wo es eine Information an die Stakeholder erst gibt, wenn die Projektparameter final sind. Danach folgen die Strategien des „Tokenism", wo es zwar einen bilateralen Kommunikationsfluss gibt, eine echte Partizipation allerdings noch nicht stattfindet. Erst in der Kategorie D „Partizipation" findet eine echte Partizipation mit unterschiedlicher Intensität statt, wo Stakeholder in den Entscheidungsprozess mehr oder weniger direkt beteiligt werden.

Die konkrete Strategiewahl sollte stets unter Berücksichtigung der konkreten Maßnahmen und Kommunikationsstrategien erfolgen und empfiehlt sich anhand des erweiterten Leiterschemas in Abb. 3.16.

Die konkrete Strategiewahl ist außerdem abhängig von der Phase im Projektentwicklungsprozess, wo sich das Projekt aktuell befindet. So ist es weniger sinnvoll, Stakeholdern in der Realisationsphase – womöglich nach Konfliktentstehung – mit Manipulationsstrategien zu begegnen und geschönte Informationen bereitzustellen. Sofern das von den Stakeholdern nämlich erkannt wird, kann der Konflikt deutlich eskalieren. Weiterhin eignen sich nicht alle Strategien für externe Stakeholder, denn ab einem bestimmten Grad an Partizipation werden externe Stakeholder automatisch zu internen Stakeholdern mit stärkerer Macht und Legitimität.

Nachdem die Entscheidung für eine bestimmte Strategie getroffen wurde, ist in der Regel untrennbar eine Kommunikationsstrategie mit der Strategie verbunden. Diese sind ebenfalls in der Abbildung dargestellt und lassen sich in planbare sowie nicht planbare Strategien unterscheiden. Planbar steht hierbei dafür, dass die Kontrolle über das Kommunikationsinstrument bei dem Strategiewähler liegt. So ist eine Medienberichterstattung nicht planbar, da den Medien zwar Impulse gegeben werden können, im Zweifel aber keine Kontrolle darüber zu erlangen ist, was letztendlich geschrieben wird. Zuletzt ist noch anzuführen, dass die Eigenschaften der Stakeholder ein Indikator dafür sein können, welche Strategien sinnvoll sind und welche nicht.

Die Wahl der Strategie sowie der Kommunikationsinstrumente hängt entscheidend auch von den Kosten ab, die eine Partizipation mit sich bringt. Im Zuge einer Kosten-Nutzen-Analyse ist damit abzuwägen, welche Strategien geeignet sind.

Die Festlegung der Instrumente kann formal in Kommunikations- und Aktionsplänen niedergeschrieben werden.

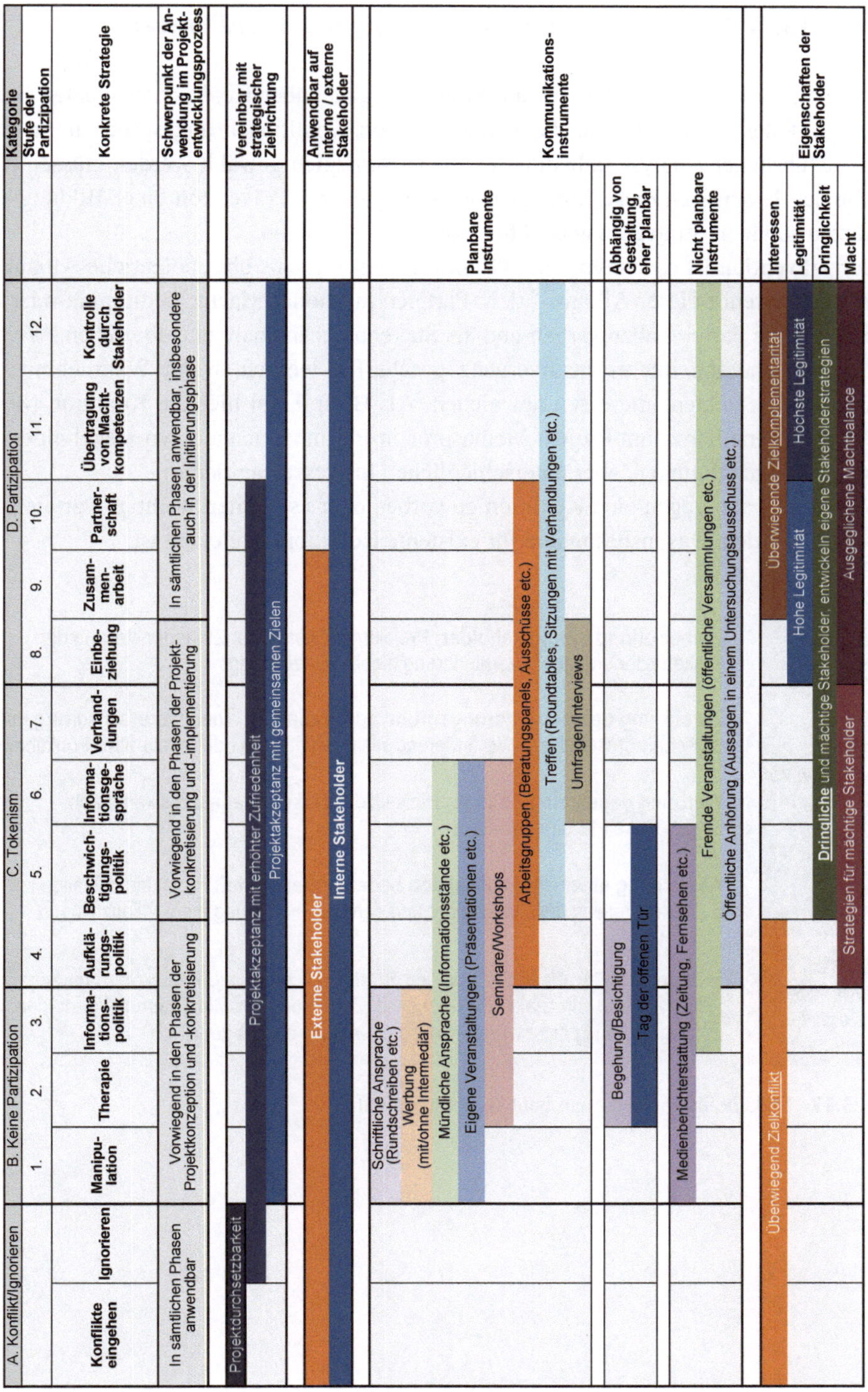

Abb. 3.16 Strategiewahl von Maßnahmen und Kommunikationsstrategien anhand eines erweiterten Leiterschemas

3.7.4   Auswahl der Strategien für den Umgang mit Allianzen

Wichtig ist es an dieser Stelle, auf die Strategien gegenüber Koalitionen separat einzugehen. Auf der Stufe 5 wurde die Bedeutung von Koalitionen angesprochen, so dass nach ausführlicher Analyse unbedingt explizite Strategien gewählt werden müssen. Unterscheiden lassen sich diese Strategien in Strategien zur Prävention einer Bildung von Allianzen sowie in Strategien gegenüber existenten Allianzen.

Zur Prävention ist es sinnvoll, auf Grundlage des Wissens über potentielle Allianzen, wichtigste Akteure dieser Allianz – d. h. Parteien mit hoher Macht, Legitimität oder die mobilisierende Partei – abzuwerben und als Stakeholder intensiv einzubeziehen. Weiterhin kann auch eine Interessensdivergenz geschaffen werden, wenn Wahrnehmungen signifikant von echten Interessen abweichen. Als Beispiel ist hier die Koalition Megaspree als Gegenallianz zum Projekt Mediaspree in Berlin zu nennen, wo Stakeholder mit gleichen Wahrnehmungen, aber unterschiedlichen Interessen agitierten.

Weiterhin kann gegen eine Koalition geworben oder es können wichtige Parteien abgeworben werden, was insbesondere für existente Koalitionen relevant ist.

Strategien zur Prävention von Allianzen	**Einbeziehung der Stakeholder:** Projektmodifikation zur Zufriedenstellung der Stakeholder und damit Verhinderung einer Allianzbildung
	Zerstörung der Mobilisierungsgrundlage: Schaffung einer Interessensdivergenz zwischen Stakeholdern (Veränderung Wahrnehmungen oder explorative Funktionen)
	Werbung gegen die Koalition: Hinweis der Stakeholder auf Risiken durch Zugehörigkeit zu einer Koalition
	Abwerbung einer für die Koalition bedeutenden Partei: Projektmodifikation zur Zufriedenstellung der Stakeholder und damit Verhinderung einer Allianzbildung
Strategien gegenüber existenten Allianzen	**Entsprechen im Wesentlichen den Strategien zur Prävention von Allianzen:** „Einbeziehung von Stakeholdern" sowie „Zerstörung der Mobilisierungsgrundlage" als Strategien häufig nicht erfolgreich, sofern Allianz bereits gebildet

Abb. 3.17   Stakeholdermanagement bei Stakeholderallianzen

3.7.5   Modifikation des Projekts

In bestimmten Fällen kann es neben der Definition eines Stakeholdermanagements auf dieser Stufe auch sinnvoll sein, Vorschläge für eine Projektmodifikation zu erarbeiten.

Durch eine Modifikation eines Projekts können Stakeholderinteressen in hohem Maße zufriedengestellt werden und neben einer Projektdurchsetzbarkeit oder einer Projektakzeptanz sogar ein Projektkonsens geschaffen werden. Sogar nach Konfliktentstehung können explorative Funktionen von Stakeholderanalysen im Rahmen von bspw. Mediationsverfahren genutzt werden, um Konflikte zu beseitigen. Explorative Funktionen stehen für die methodische Ermittlung optimaler Projektparameter. Diese Methoden sind aufwändig und werden an dieser Stelle nicht weiter vertieft.

3.8   Stufe 8: Monitoring

Mit der Stufe 7 ist eine Stakeholderanalyse zunächst einmal abgeschlossen. Da die Stakeholder über den Zeitverlauf ihre Interessen und Strategien ändern und dazu ihre Macht-, Legitimitäts- und Dringlichkeitspositionen dynamisch sind, dürfte eine ständige Anpassung der Analyseergebnisse der Stakeholderanalyse vonnöten sein. Dies soll auf Stufe 8 erfolgen.

Die Dynamik der Stakeholder wird über eine iterative Durchführung der Stufen 1 bis 7 erfasst – mit Korrektur und Ergänzung bisheriger Informationen:

- **Stufe 1:**   Entstehung neuer Stakeholder, alte scheiden aus.
- **Stufen 2/3:** Interessen und Eigenschaften der Stakeholder verändern sich (insbesondere Verlust/Aufbau/Dringlichkeit).
- **Stufe 4:**   Informationslage zwingt dazu, erneut zu priorisieren.
- **Stufe 5:**   Entfall/Entwicklung der Voraussetzungen von Koalitionen.
- **Stufe 6:**   Durch Veränderungen auf den Stufen 2/3 verändern sich die Strategien.
- **Stufe 7:**   Die Auswertung sowie die Strategien gegenüber Stakeholdern müssen ständig angepasst werden.

In besonderen Fällen sind Darstellungsformen empfehlenswert, welche die Dynamik von Stakeholdern abbilden können, z. B. die dynamische Matrixdarstellung von Friedman/ Miles (2002), die sich auf jede beliebige Matrixdarstellung anwenden lässt (vgl. Abb. 3.18 auf der folgenden Seite).

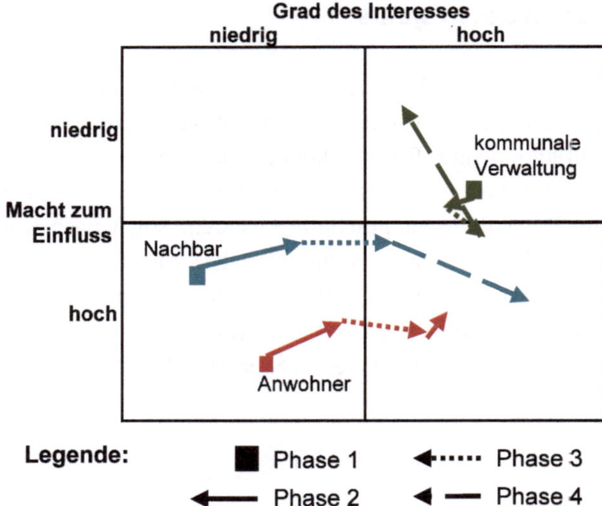

Abb. 3.18 Darstellung der Dynamik von Stakeholdern anhand der Macht/Interesse-Matrix nach Johnson/Scholes (1999)[8]

3.9   Stufe 9: Überprüfung der Zielerreichung

Optional kann es in bestimmten Fällen bei großen Projekten mit umfassender Stakeholderanalyse sinnvoll sein, nach Projektabschluss die Ergebnisse der vorangegangenen Stakeholderanalyse noch einmal zu überprüfen. Einerseits kann die Zielerreichung und tatsächliche Wirksamkeit einer Analyse geprüft werden, andererseits kann eine Referenz für künftige Projekte geschaffen werden. Die Vorgehensweise richtet sich nach dem Sinn und Zweck, was eine Zielerreichung abbilden soll.

Im Wesentlichen sind die Analysen und Implikationen der vorherigen Stufen mit Informationsschätzungen sowie Verhaltensprognosen erneut unter Anwendung der nun echten Informationen durchzuführen.

---

[8] Angelehnt an Friedman/Miles, 2002, S. 12.

Literatur

Chevalier, Jacques M./Buckles, Daniel J. SAS² A Guide to Collaborative Inquiry and Social Engagement. Los Angeles, London, New Delhi, Singapur: Sage, 2008.

Freeman, R. Edward. Strategic Management. Boston, London, Melbourne, Toronto: Pitman, 1984.

Friedman, Andrew L./Miles, Samantha. Developing Stakeholder Theory. Journal of Management Studies. 1, 2002, Bd. 39, S. 1–21.

Friedman, Andrew L./Miles, Samantha. Stakeholders - Theory and Practice. Oxford, New York: Oxford University Press, 2006.

Grimble, R./Wellard, K. Stakeholder methodologies in natural resource management: A review of principles, contexts, experiences and opportunities. Academy of Management Executive. 2, 1996, Bd. 10, S. 46–60.

Johnson, Gerry/Scholes, Kevan. Exploring Corporate Strategy. London: Prentice Hall Europe, 1999.

Krips, David. Stakeholderanalysen in der Projektentwicklung, Dissertation. Berlin: TU Berlin, 2011.

McElroy, Bill/Mills, Chris. Managing Stakeholders. [Buchverf.] Rodney J. Turner. Gower Handbook of Project Management. Aldershot, UK: Gower Publishing, 2000, S. 757–775.

Mitchell, Ronald K./Agle, Bradley R./Wood, Donna J. Toward a Theory of Stakeholder Identification and Salience: Defining the Principle of Who and What really Counts. Academy of Management Review. 22, 1997, Bd. 4, S. 853–886.

Olander, Stefan. External Stakeholder Management in the Construction Process. Lund, Schweden: Lund University, Construction Management, 2003.

Olander, Stefan. Stakeholder impact analysis in construction project mangement. Construction Management and Economics. 3, 2007, Bd. 25, S. 277–287.

Phillips, Robert. Stakeholder Theory and Organizational Ethics. San Francisco, Kalifornien: Berrett-Koehler Publishers, 2003.

Project Management Institute. A Guide to the Project Management Body of Knowledge: PMBOK Guide. 3. Newtown Square, Pennsylvania: Project Management Institute, 2004.

Rowley, Tim J./Moldoveanu, Mihnea C. When will Stakeholder Groups Act? An Interest and Identity Based Model of Group Mobilization. Academy of Management. 2, 2003, Bd. 28, S. 204–219.

Savage, Grant T./Nix, Timothy W./Whitehead, Carlson J./Blair, John D. Strategies for assessing and managing organizational stakeholders. Academy of Management Executive. 2, 1991, Bd. 5, S. 61–75.

Schulte, Karl-Werner/Bone-Winkel, Stephan. Handbuch Immobilien-Projektentwicklung. Köln: Rudolf Müller, 2008.
Turner, J. Rodney. The Handbook of Project-Based Management. London: McGraw-Hill, 2009.
Winch, Graham M./Bonk, Sten. Project stakeholder mapping: analyzing the interests of project stakeholders [Buchverf.]. Project Management Institute (PMI). The Frontiers of Project Management Research. Pennsylvania: PMI, 2002, S. 385–403.